BEI GRIN MACHT SICH IHR WISSEN BEZAHLT

- Wir veröffentlichen Ihre Hausarbeit,
  Bachelor- und Masterarbeit

- Ihr eigenes eBook und Buch -
  weltweit in allen wichtigen Shops

- Verdienen Sie an jedem Verkauf

Jetzt bei www.GRIN.com hochladen
und kostenlos publizieren

Ernst Probst

Gastornis. Der verkannte Terrorvogel

GRIN Verlag

Bibliografische Information der Deutschen Nationalbibliothek:

Die Deutsche Bibliothek verzeichnet diese Publikation in der Deutschen National-
bibliografie; detaillierte bibliografische Daten sind im Internet über http://dnb.d-
nb.de/ abrufbar.

Dieses Werk sowie alle darin enthaltenen einzelnen Beiträge und Abbildungen
sind urheberrechtlich geschützt. Jede Verwertung, die nicht ausdrücklich vom
Urheberrechtsschutz zugelassen ist, bedarf der vorherigen Zustimmung des Verla-
ges. Das gilt insbesondere für Vervielfältigungen, Bearbeitungen, Übersetzungen,
Mikroverfilmungen, Auswertungen durch Datenbanken und für die Einspeicherung
und Verarbeitung in elektronische Systeme. Alle Rechte, auch die des auszugsweisen
Nachdrucks, der fotomechanischen Wiedergabe (einschließlich Mikrokopie) sowie
der Auswertung durch Datenbanken oder ähnliche Einrichtungen, vorbehalten.

Impressum:

Copyright © 2013 GRIN Verlag GmbH
Druck und Bindung: Books on Demand GmbH, Norderstedt Germany
ISBN: 978-3-656-52826-5

Dieses Buch bei GRIN:

http://www.grin.com/de/e-book/263538/gastornis-der-verkannte-terrorvogel

GRIN - Your knowledge has value

Der GRIN Verlag publiziert seit 1998 wissenschaftliche Arbeiten von Studenten, Hochschullehrern und anderen Akademikern als eBook und gedrucktes Buch. Die Verlagswebsite www.grin.com ist die ideale Plattform zur Veröffentlichung von Hausarbeiten, Abschlussarbeiten, wissenschaftlichen Aufsätzen, Dissertationen und Fachbüchern.

Besuchen Sie uns im Internet:

http://www.grin.com/

http://www.facebook.com/grincom

http://www.twitter.com/grin_com

Ernst Probst

Gastornis

Der verkannte Terrorvogel

Bild auf der vorherigen Seite:

Lebensbild des Laufvogels Gastornis
(früher Diatryma genannt)
von Monika Betley bei „Wikipedia"

*Meinem wissbegierigen Enkel Max Werner
gewidmet*

Lebensbild des Laufvogels Gastornis giganteus
(früher Diatryma steini genannt),
Zeichnung aus einer Publikation der amerikanischen Paläontologen
William Diller Matthew (1871–1930),
Walter Granger (1872–1941) und William Stein von 1917

Vorwort

Gastornis in neuem Licht

Gegen Ende der Kreidezeit vor rund 65 Millionen Jahren starben weltweit die Dinosaurier aus. Diese teilweise bis zu 40 Meter langen Echsen hatten bis dahin die Erde beherrscht. Wenige Millionen Jahre nach dem Verschwinden der Dinosaurier tauchten im späten Paläozän vor etwa 61,7 Millionen Jahren in Europa und ab dem frühen Eozän vor über 50 Millionen Jahren auch in Nordamerika riesige flugunfähige Vögel namens *Gastornis* auf. Schon zu ihren Lebzeiten begann der Siegeszug der ehedem unscheinbaren kleinen Säugetiere. Die bis zu mehr als 2 Meter großen und schätzungsweise 100 Kilogramm schweren Laufvögel der Gattung *Gastornis* behaupteten sich über 20 Millionen Jahre lang, ehe sie im mittleren Eozän vor ca. 40,4 Millionen Jahren von der Bühne des Lebens abtraten. Fossile Funde von ihnen barg man in den USA (New Mexico, New Jersey, Wyoming) und in Europa (Frankreich, Belgien, England, Deutschland). Mit diesen umstrittenen Laufvögeln, die man inzwischen in einem ganz anderen Licht als früher sieht, befasst sich das Taschenbuch „Gastornis – Der verkannte Terrorvogel" des Wiesbadener Wissenschaftsautors Ernst Probst. Unter seinen mehr als 300 Büchern, Taschenbüchern, Broschüren und E-Books befinden sich zahlreiche Werke über urzeitliche Tiere.

Erster Entdecker von Gastornis:
Gaston Planté (1834–1889)

Gastornis

Der verkannte Terrorvogel

Als 1986 mein Buch „Deutschland in der Urzeit. Von der Entstehung der Erde bis zum Ende des Eiszeitalters" erschien, las man darin: „Zu den größten Vögel Europas im Paläozän zählte der bis zu zwei Meter große Riesenlaufvogel *Gastornis,* der einen sehr großen Schädel, ein auffallend kleines Flügelskelett und riesenhaft entwickelte Füße hatte. Skelettreste von ihm aus dem Paläozän kennt man aus Frankreich und Deutschland". Das Paläozän dauerte nach damaliger Ansicht von etwa 65 bis 53 Millionen Jahren.
Einige Seiten weiter hieß es im selben Buch, im Eozän vor etwa 53 bis 37 Millionen Jahren habe in Nordamerika und Europa der bis zu zwei Meter große Riesenlaufvogel *Diatryma* gelebt. Fossile Überreste von ihm seien in Europa aus Frankreich (Monthelon bei Eypernay, Mont d'Or bei Lyon) und aus Deutschland (Geiseltal bei Halle/Saale, Messel in Südhessen) nachgewiesen.
Heute sieht man die Sachlage im Fall von *Gastornis* und *Diatryma* anders. Laut Online-Lexikon „Wikipedia" im Oktober 2013 währte das Paläozän vor etwa 65 bis 56 Millionen Jahren und das Eozän vor etwa 56 bis 33,9 Millionen Jahren. *Gastornis* ist inzwischen nicht mehr nur auf das Paläozän und Europa beschränkt. Man vermutet gegenwärtig, *Gastornis* und *Diatryma* seien identisch und ordnet beide der ersteren Gattung zu. Nach neueren Erkenntnissen gilt *Gastornis* nicht mehr als Raubvogel, sondern als Pflanzenfresser.
Das erste Fossil von *Gastornis* entdeckte man 1855 in marinen Ablagerungen aus dem Paläozän bei Meudon unweit der französischen Hauptstadt Paris. Dabei handelte es sich um einen fast 45 Zentimeter langen linken Unterschenkelknochen (Tibiotarsus) von einem riesigen Vogel. Laut Chargon der Geologen und Paläontologen

*Französischer Geologe und Paläontologe
Edmund Hébert (1812–1890)*

kam der Knochen im „Conglomérat de Meudon" an der Basis des „Argile Plastique" zum Vorschein. Als Entdecker gilt der französische Physiker und Paläontologe Gaston Planté (1834–1889), der damals erst 21 Jahre alt war. Planté hat sich später auch als Physiker verdient gemacht. Er erfand 1859 die Blei-Säure-Batterie als erste wiederaufladbare Batterie (Bleiakkumulator). Bis zur industriellen Nutzung vergingen allerdings noch 20 Jahre. Seine Batterie kam 1881 im ersten offiziell anerkannten Elektrofahrzeug, dem „Trouvé Tricycle" von Gustave Trouvé (1839–1902), in Paris zum Einsatz.

Einige Monate später fand man bei Meudon einen Oberschenkelknochen und später beim Bau des Gasometers bei Passy nahe Paris weitere Reste dieses Vogels.

1855 erfolgte die erste wissenschaftliche Beschreibung der bis dahin in der Gegend von Paris geborgenen Vogelfossilien durch den französischen Geologen und Paläontologen Edmund Hébert (1812–1890). Er bezeichnete diese Funde nach Gaston Planté und den Fundorten in der Gegend von Paris als *Gastornis parisiensis.* Als Typusexemplar von Gastornis („Gastons Vogel") gilt ein im „Muséum national d'histoire naturelle" („MNHN") in Paris aufbewahrter Fund. Typuslokalität der Art ist der Fundort Meudon.

Hébert befasste sich vor allem mit der Stratigraphie der Kreidezeit (vor etwa 145 bis 65 Millionen Jahren) und des Tertiärs (vor etwa 65 bis 2,6 Millionen Jahren) in Frankreich sowie benachbarbarten Ländern. Anfangs hatte er sich für die Physik interessiert. Aber nach einer geologischen Exkursion in die Normandie unter der Leitung des französischen Geologen Elie de Beaumont (1798–1874 begeisterte er sich für die Geologie. Nachdem er bereits einen guten Ruf in der Geologe genoss, promovierte Hébert 1857 in Paläontologie über das fossile Säugetier *Coryphodon* und wurde Professor für Geologie an der Pariser Universität Sorbonne als Nachfolger des verstorbenen französischen Geologen Constant Prévost (1787–1856).

Über die systematische Stellung von *Gastornis* in der Vogelwelt waren die Wissenschaftler uneins. Emund Hébert ordnete Gastornis 1855

*Darstellung eines Albatros aus dem Jahre 1837,
Holzschnitt aus der Zeitschrift „O Panorama",
„Dr. Nuno Carvalho de Sousa Private Collection",
Lissabon*

nahe bei Entenvögeln (Anatidae) ein. Dagegen dachte 1855 der französische Geologe und Paläontologe Louis Lartet (1840–1899) an eine Verwandtschaft mit den Regenpfeiferartigen (Charadriiformes). Der französische Zoologe Achille Valenciennes (1794–1865) glaubte 1855, Gastornis ähnle Albatrossen (Diomedeidae). Der französische Ornithologe Prinz Charles Lucien Jules Laurent Bonaparte (1803–1857) betrachtete *Gastornis* 1856 als flugunfähigen Vogel wie *Aepyornis* auf Madagaskar. Der französische Ornithologe Alphonse Milne-Edwards (1835–1900) teilte 1867 die Auffassung von Hébert, es handle sich um einen Entenvogel.

Die Entdeckung des riesigen *Gastornis parisiensis* in Frankreich erregte im Ausland großes Aufsehen. Denn damals galt *Gastornis* als einer der ältesten Vögel der Welt. Der erste Fund des Urvogel *Archaeopteryx* („alte Feder" oder „alter Flügel") aus Bayern von 1855 aus der Jurazeit vor etwa 150 Millionen Jahren wurde zwar wie Gastornis ebenfalls 1855 entdeckt, aber nicht sofort als solcher erkannt. Der damals führende deutsche Paläontologe Hermann von Meyer (1801–1869) aus Frankfurt am Main betrachtete diesen Fund aus Jachenhausen unweit von Riedenburg irrtümlich als Flugsaurier. Erst 1972 identifizierte der amerikanische Paläontologe John H. Ostrom (1928–2005) bei Untersuchungen an Flugsauriern das im Teyler-Museum in der niederländischen Stadt Haarlem unter falschem Namen ausgestellte Tier als Reste eines Urvogels. 1861 schlug Meyer für den 1860 in Solnhofen gefundenen Positiv- und Negativ-Abdruck einer Vogelfeder den Namen *Archaepteryx lithographica* vor, den später auch Skelettfunde der Urvögel aus Bayern erhielten.

Weitere fossile Reste von *Gastornis* aus dem Paläozän in Frankreich entdeckte man an den Fundorten Cernay (Lemoine-Steinbruch) und Mont Berru (Mouras-Steinbruch, bed 5), die beide in der Nähe von Reims (Region Champagne-Ardenne) liegen, sowie in Monthelon bei Epernay in der Region Burgund. Zum Fundgut von Cernay und Mont Berru gehören auch Fossilien des großen flugunfähigen Vogels *Remiotis heberti* und von Halbaffen.

Deutscher Paläontologe
Hermann von Meyer (1801–1869)

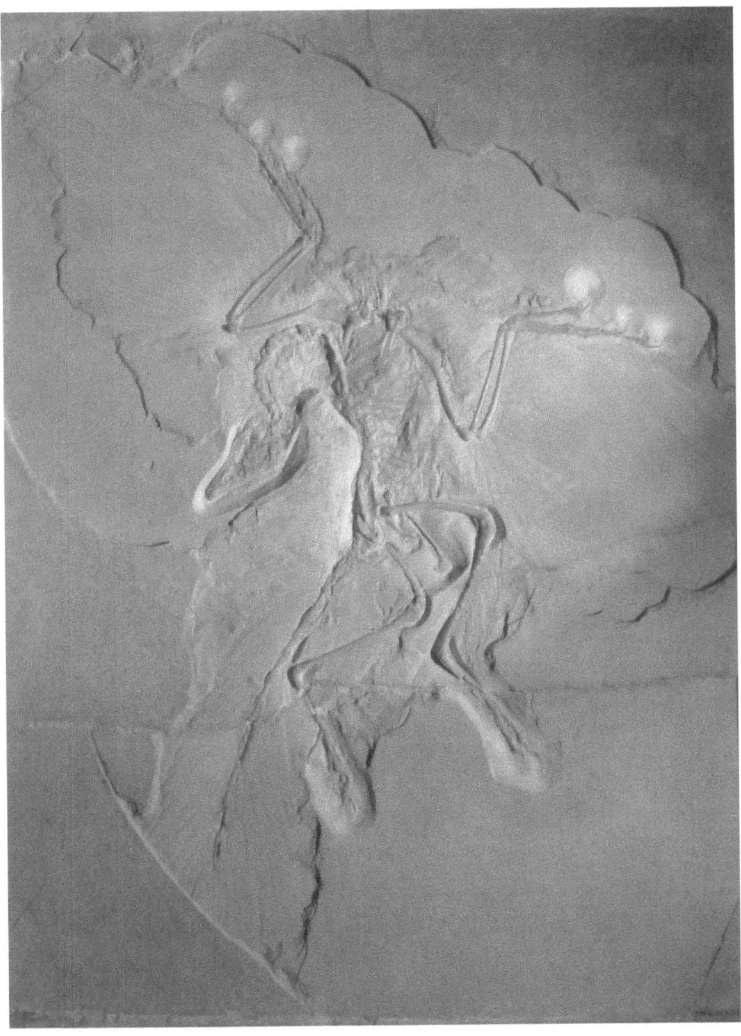

Fund des Urvogels Archaeopteryx („Berliner Exemplar") von 1876 vom Blumenberg bei Eichstätt in Bayern

Französischer Ornithologe
Alphonse Milne-Edwards (1835–1900)

1878 schlug der Arzt Victor Lemoine (1837–1897) aus Reims für Fossilien, die nur teilweise von einem Vogel stammten, den Artnamen *Gastornis edwardsii* vor. Dieser Artname ehrt den Pariser Zoologen und Paläontologen Alphonse Milne-Edwards. Heute gilt jener Artname als Synonym für *Gastornis parisiensis*.

Lemoine wurde bei seiner wissenschaftlichen Beschreibung von *Gastornis* durch die Arbeiten über den bezahnten Urvogel *Archaeopteryx* aus Bayern und des amerikanischen Paläontologen Othniel Charles Marsh (1831–1899) über die bezahnten Vögel *Hesperornis* und *Ichthyornis* aus Kansas (USA) beeinflusst. Der Name von Marsh ist untrennbar mit demjenigen seines amerikanischen Konkurrenten Edward Drinker Cope (1840–1897) verbunden. Diese beiden Forscher lieferten sich im Wettstreit um möglichst viele Dinosaurier-Funde die berühmten „Knochenschlachten". Außerdem stand Lemoine unter dem Einfluss der Ideen des britischen Biologen Thomas Henry Huxley (1825–1895) über die Beziehungen zwischen Vögeln und Reptilien. Deshalb interpretierte er Gastornis aus evolutionärer Sicht als primitiven Vogel mit vielen Reptilienmerkmalen.

1881 veröffentlichte Lemoine eine Zeichnung, die eine fehlerhafte Skelettrekonstruktion von *Gastornis* zeigte. Demnach wäre dieser flugunfähige Vogel 2,70 Meter groß und schlank gebaut gewesen und hätte einen langen, niedrigen Schnabel mit Zähnen besessen. Diese Rekonstruktion wurde damals weitgehend als korrekt akzeptiert und in wissenschaftlichen Texten sowie in populären Büchern veröffentlicht. Unter anderem war jene Zeichnung 1882 in einem Werk des französischen Geologen Etienne Stanislas Meunier (1843–1925) zu sehen.

In der Folgezeit hat man auch in Belgien (Mesvin bei Mons) und in England (bei Croydon) fossile Reste von *Gastornis* entdeckt. Hierüber berichteten 1883 der belgische Paläontologe Louis Dollo (1857–1931) und 1885 der englische Ornithologe Edward T. Newton (1832–1897). Dollo sprach dabei von *Gastornis edwardsi*. Newton dagegen schlug für die 1883 in einem Eisenbahndurchschnitt bei Croydon geborgenen

Skelett des flugunfähigen Vogels Hesperornis,
Zeichnung des amerikanischen Paläontologen
Othniel Charles Marsh (1831–1899) um 1880

*Lebensbild des flugunfähigen Vogels Hesperornis,
Zeichnung des Berliner Tiermalers Heinrich Harder (1858–1935)
vermutlich von 1916*

Amerikanischer Paläontologe
Othniel Charles Marsh (1831–1899)

Amerikanischer Paläontologe
Edward Drinker Cope (1840–1897)

*Porträt des französischen Geologen
Etienne Stanislas Meunier (1843–1925)*

Bild auf Seite 21:

*Fehlerhafte Rekonstruktion von Gastornis
durch den Arzt Victor Lemoine (1837–1897)
aus Reims von 1881*

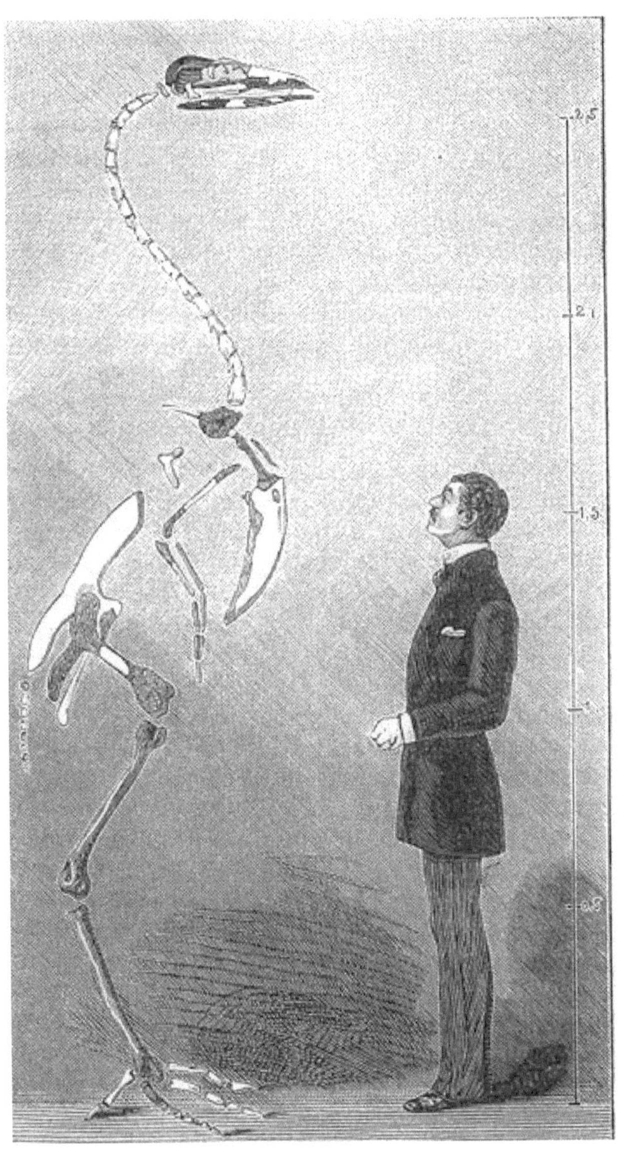

Amerikanischer Paläontologe
William Diller Matthew (1871–1930)

Funde den neuen Artnamen *Gastornis klaasseni* vor, mit dem er den Entdecker, den lokalen Geologen Hendricus Martinus Klaassen, ehrte und der heute als Synonym von *Gastornis parisiensis* gilt.

Auf Ähnlichkeiten mit *Gastornis* aus Europa wiesen verschiedene Autoren hin, nachdem Edward Drinker Cope 1876 den riesigen flugunfähigen Vogel *Diatryma giganteus* (heute *Gastornis giganteus*) aus dem frühen Eozän von New Mexico (USA) erstmals wissenschaftlich beschrieben hatte. Doch das zur Verfügung stehende Material war lange Zeit so spärlich und wenig aussagekräftig, dass Vergleiche schwierig blieben. 1894 beschrieb der erwähnte Paläontologe Marsh einen *Gastornis* als *Barornis regens*.

Weitere, noch nicht untersuchte Reste von *Gastornis* aus Frankreich entdeckte in der ersten Hälfte des 20. Jahrhunderts der ungarische Paläontologe Kálmán Lambrecht (1889–1936) in der Sammlung des „Muséum national d'histoire naturelle" in Paris.

1917 beschrieben die amerikanischen Paläontologen William Diller Matthew (1871–1930) und Walter Granger (1872–1941) ein ziemlich vollständig erhaltenes Skelett von *Diatryma* aus dem frühen Eozän von Wyoming (USA). Die von den beiden Amerikanern produzierte sehr zuverlässige Skelettrekonstruktion von *Diatryma* unterschied sich merklich von der fehlerhaften von Gastornis durch den Franzosen Victor Lemoine. Matthew und Granger zweifelten an der Richtigkeit der Rekonstruktion von Lemoine und forderten europäische Paläontologen dazu auf, das französische Material zu überarbeiten. Doch dazu kam es lange Zeit nicht.

Nach der Beschreibung von *Diatryma* durch Matthew und Granger bezeichnete man aber die meisten neuen Funde von riesigen Vögeln aus dem Paläogen vor etwa 65 bis 23 Millionen Jahren in Europa als *Diatryma* anstatt *Gastornis*. Von *Diatryma* sprachen 1928 der schweizerische Paläontologe Samuel Schaub (1882–1962), 1939 der französische Paläontologe Claude Gaillard (1861–1946), 1962 der deutsche Paläontologe Karlheinz Fischer und 1965 der deutsche Paläontologe Dietrich E. Berg. Dagegen verwendete 1939 der

Foto auf Seite 25:

Skelett des großen flugunfähigen Vogels Gastornis
(früher Diatryma genannt)
aus dem Eozän von Wyoming (USA)

Bild auf Seite 27:

Ausschnitt aus einem Ölgemälde
des Kunstmalers Fritz Wendler (1941–1995)
aus dem Buch „Deutschland in der Urzeit" (1986)
von Ernst Probst.
Das Gemälde zeigt eine Sumpflandschaft im Eozän
mit dem Laufvogel Gastornis (rechts),
früher Diatryma genannt,
fliegende kranichartige Vögel (Palaeotis weigelti, oben)
sowie zwei Ur-Pferdchen (Palaeotherium)
und ein Ur-Raubtier (Prodissopsalis, unten links)

deutsche Geologe und Paläontologe Johannes Weigelt (1890–1948) für einen Fund aus dem Paläozän von Walbeck den Namen *Gastornis*. 1928 schlug William John Sinclair (1877–1935) für einen *Gastornis*-Fund (YPM PU 13258) aus dem frühen Eozän im Bighorn Bassin (Wyoming) den Artnamen *Omorhamphus storchii* (Synonym von *Diatryma steini*) vor. Damit erinnerte er an den Entdecker T. C. von Storch, der 1927 an der „Princeton Scientific Expedition" zum Bighorn Bassin im US-Bundesstaat Wyoming teilgenommen hatte. Der Fund stammte von einem Jungtier von *Gastornis giganteus*. 1931 wollte Alexander Wetmore (1886–1978) den Artnamen *Omorhamphus storchi* mit einem „i" einführen.

Die ersten Walbecker Fossilien wurden 1939 von Steinbrucharbeitern in einer Spalte innerhalb der Muschelkalkschichten entdeckt. Johannes Weigelt hat später diese Schichten und die darin enthaltenen Tierreste untersucht. Der Fundort liegt etwa zwei Kilometer nördlich des Ortes Walbeck am Südwestrand des aus Buntsandstein und Unterem Muschelkalk aufgebauten Triasplateaus von Weferlingen. Das Triasplateau ist von Spalten zerklüftet, die mit Ablagerungen aus dem Tertiär (65 bis 2,6 Millionen Jahre) verschiedenen Alters gefüllt sind. Das Material aus dem Paläozän liegt in einem mergeligen, oben eisenhaltigen Sand. Es ist von Wasser aufgearbeitet und zusammengespült worden. Aus den Spaltenfüllungen von Walbeck sind außer dem riesigen Laufvogel *Gastornis* auch Krokodile, Panzereidechsen und Säugetiere (Insektenfresser, Ur-Huftiere, Halbaffen) aus dem Paläozän nachgewiesen.

In den 1950-er und 1960-er Jahren entdeckte man im Geiseltal bei Merseburg, etwa 20 Kilometer südlich von Halle/Saale in Sachsen-Anhalt entfernt, etliche Skelettreste, vor allem Extremitätenknochen, des Riesenlaufvogels *Gastornis* aus dem mittleren Eozän vor etwa 45 Millionen Jahren. In dieser Epoche der Erdgeschichte war das Gebiet von Europa eine Inselwelt und lag insgesamt etwa zehn Breitengrade weiter südlich als heute. Die Fossilien aus dem Geiseltal sind wissenschaftlich einmalig. Dort hat durch das Durchdringen von kalkhaltigem Wasser eine Fossilisation in Braunkohle stattgefunden. Beim Abbau von Braunkohle hat man im Geiseltal insgesamt rund 50.000 Einzelstücke geborgen. Die Fossilien aus dem Geiseltal sind überwiegend dreidimensional erhalten, während diejenigen aus der Grube Messel in Südhessen meistens zweidimensional flachgedrückt vorliegen.

Das Fundmaterial von *Gastornis* aus dem Geiseltal gilt als das reichhaltigste dieser Vogelgattung in Europa. 1978 hat der Paläontologe Karlheinz Fischer diese Funde aus dem Geiseltal als *Diatryma* cf. *geiselensis* wissenschaftlich beschrieben. Heute bezeichnet man sie als *Gastornis geiselensis*. Die Fossilien von *Gastornis* aus dem Geiseltal wurden im 1934 eröffneten Geiseltalmuseum in Halle/Saale aufbewahrt. Dieses in der „Neuen Residenz" eingerichtete Museum schloss Ende Dezember 2011 seine Pforten. Die Fossilien aus dem Geiseltal sollen ab 2015 im „Naturkundlichen Universitätsmuseum" in Halle/Saale eine neue Heimat finden. Bei einem Projekt vom 2. Januar 2007 bis zum 31. Dezember 2011 entstand eine dreidimensionale Skelettrekonstruktion von *Gastornis geiselensis* in natürlicher Größe. Diese basiert auf Funden aus dem Geiseltal. Das Projekt stand unter der Leitung des Geologen Meinolf Hellmund unter Mitarbeit des Präparators Christoph Koehn. Ein lebensgroßes Modell von Gastornis ist im „Jura-Museum" auf der Willibaldsburg in Eichstätt (Bayern) zu bewundern.

In der Grube Messel bei Darmstadt in Südhessen, wo man früher Ölschiefer abbaute, ist *Gastornis* seit 1965 durch einen besonderen Fund aus dem Eozän vor etwa 45 Millionen Jahren belegt. Der Messeler Rest lag zunächst als problematisch angesehenes Fossil in der Sammlung der Geologisch-Paläontologischen Abteilung des „Hessischen Landesmuseums" in Darmstadt. Es handelte sich um einen etwa 30 Zentimeter langen und an seiner dünnsten Stelle noch fünf Zentimeter dicken Oberschenkelknochen, der entdeckt wurde, als man eine Partie verfestigten Ölschiefers aufschlug. Dabei hatte man den Knochen in zwei spiegelbildliche Hälften gespalten.

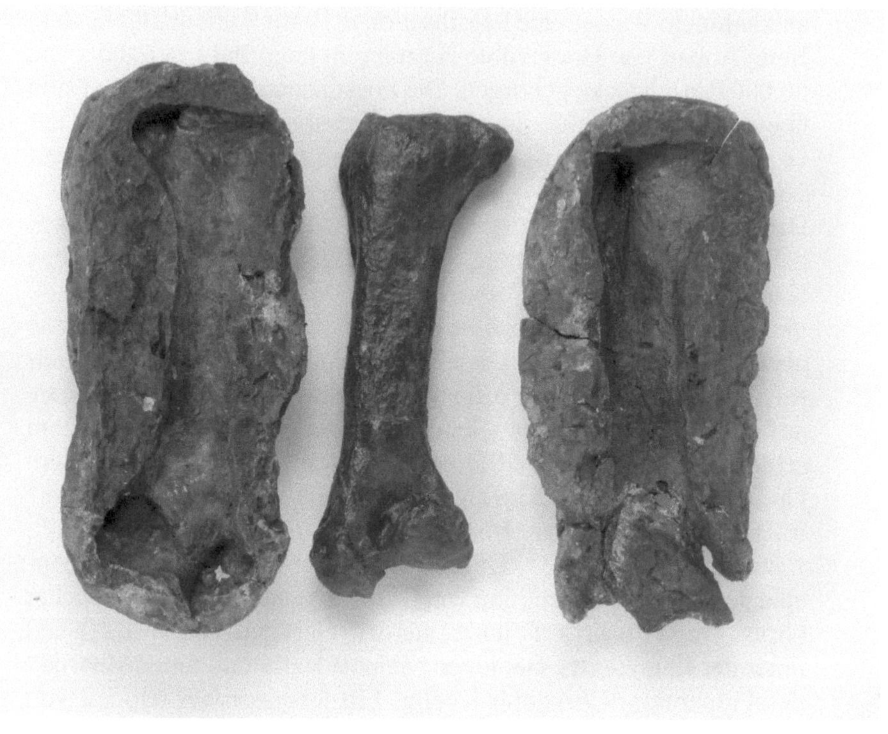

Abguss des etwa 30 Zentimeter langen
und an seiner dünnsten Stelle
noch fünf Zentimeter dicken Oberschenkelknochens (Femur)
des Laufvogels Gastornis (früher Diatryma genannt)
aus der Grube Messel bei Darmstadt in Hessen.
Der Abguss wird im „Hessischen Landesmuseum"
in Darmstadt aufbewahrt.

Wegen des seitlich deutlich vorspringenden Gelenkkopfes am oberen Ende des Knochens war das Fossil sofort als Oberschenkelknochen (Femur) zu erkennen. Die enorme Länge des Stückes deutete darauf hin, dass es von einem relativ großen Tier stammte. Als der damalige Volontär Dietrich E. Berg im „Hessischen Landesmuseum" den Fossilrest genauer untersuchte, fiel ihm auf, dass der Oberschenkelknochen weniger gekrümmt war als bei Krokodilen der großen Art *Asiatosuchus germanicus,* der man den Fund zunächst zuordnete. Nach dem Vergleich mit Resten eines Moa, dessen Hinterextremitäten *Diatryma* ähneln, vermutete Berg, es läge ein Vogelfossil vor. Ein größeres Säugetier wie etwa der Tapirverwandte *Lophiodon* konnte aber zu diesem Zeitpunkt noch nicht ausgeschlossen werden, weil die beiden Oberschenkelknochen-Hälften noch weitgehend im Gestein steckten. Dass man umgekehrt Tapirreste irrtümlich großen Laufvögeln zuordnen kann, zeigt das Beispiel des 1967 anhand eines 20 Zentimeter langen Laufbeins (Tarsometatarsus) aus dem Geiseltal von Karlheinz Fischer beschriebenen „Sauriervogels" (*Sauroris matthesi*). Bei diesem Fund handelte es sich in Wirklichkeit um einen Tapirverwandten der Gattung *Lophiodon.* Der Artname *matthesi* sollte an den Geologen und Paläontologen Horst Werner Matthes (1912–1982) aus Halle/ Saale erinnern.

Wegen der schlechten Erhaltung des Knochens und wegen der Härte des ihn umhüllenden Materials entschloss sich Berg, die Kochenreste nahezu vollständig aus dem Gestein zu entfernen. Nur ein dünner „Film" von Knochensubstanz wurde an einigen Stellen in der Form belassen, die man mit einer Silikonkautschukmasse ausstrich. Nach Härtung der Masse erhielt man eine naturgetreue Rekonstruktion des ursprünglichen Knochens, die nun eine genaue Bestimmung erlaubte. Beim Vergleich des Abgusses mit allen möglichen Tierskeletten aus dem Eozän stellte sich eine Übereinstimmung mit dem Oberschenkelknochen des Laufvogels *Diatryma* heraus. Berg gab dem Messeler Fundstück 1965 den Artnamen *Diatryma geiselensis.* Heute bezeichnet man dieses Fossil als *Gastornis cf. geiselensis.*

*Skelettrekonstruktion des Laufvogels Gastornis
in der alten Ausstellung
des „Hessischen Landesmuseums" in Darmstadt*

Fossilfund eines Tapirverwandten der Gattung Lophiodon aus dem Geiseltal bei Merseburg (Sachsen-Anhalt) im ehemaligen „Geiseltalmuseum" in Halle/Saale

Lebensbild des Laufvogels Gastornis (früher Diatryma genannt) von Monika Betley bei „Wikipedia"

Die Erkenntnis, dass die Riesenlaufvögel *Gastornis* und *Diatryma* identisch sind, ist amerikanischen Wissenschaftlern zu verdanken. Basierend auf früher und neuerdings entdeckten Funden veröffentlichte 1992 der amerikanische Paläontologe Larry Martin (1943–2013) eine Revision von *Gastornis*. Dabei belegte er, dass die von Victor Lemoine angefertigte Skelettrekonstruktion von *Gastornis* weitgehend auf Material beruhte, das gar nicht von einem Vogel stammte. Vor allem gab es keinen sachlichen Grund für reptilienartige Funktionen des Schädels von *Gastornis,* wie sie Lemoine rekonstruiert hatte. Die Fossilien aus der Cernay-Formation vom Mont Berru, darunter ein Laufbein (Tarsometarsus), wurden von Martin der Art *Gastornis russeli* zugeordnet. Als Typus hierfür gilt der Fund „MNHN R 3580" im „Muséum national d'histoire naturelle" in Paris. Eine der Schlussfolgerungen von Martin war, es gebe viele Ähnlichkeiten zwischen *Gastornis* und *Diatryma,* die beide in der Familie Gastornithidae platziert werden könnten. Die Identifizierung von *Diatryma* in Europa sollte mit Vorsicht angegangen werden, meinte er.

Zu ähnlichen Ergebnissen wie Martin kam der amerikanische Forscher Allison Andors 1988 und 1992 bei der detallierten Überarbeitung der Funde von *Diatryma*. In Erwartung einer Revision des europäischen Materials zog er es aber vor, *Gastornis* und *Diatryma* in getrennten Familien der Ordnung Gastornithiformes einzuordnen. Ähnlichkeiten von *Gastornis* mit *Diatryma* auch in Teilen des Skeletts, die bis dahin unbekannt waren, bestätigte eine von dem französischen Paläontologen Eric Buffetaut aus Paris vorgenommene Studie von unveröffentlichten *Gastornis*-Funden aus der paläontologischen Sammlung der Universität Reims. Die unpublizierten Fossilien waren in den 1950-er Jahren von der Amateurpaläontologin Lasserson geborgen wurden.

Da die ersten Funde von *Gastornis* in Europa geologisch älter sind als diejenigen der einst als *Diatryma* bezeichneten frühesten Fossilien in Nordamerika könnte die Familie der Gastornithidae ihren Ursprung

*Größenvergleich zwischen einem Menschen
und urzeitlichen flugunfähigen Vögeln
wie Kelenken, Phorusrhacos, Titanis und Gastornis
(von links nach rechts).
Zeichnung von „Shepherdfan" bei „Wikipedia"*

in Europa haben. Experten vermuten, die Gastornithidae könnten zu Beginn des Eozän von Europa nach Nordamerika gelangt sein. Damals waren die Kontinente Europa und Amerika noch miteinander verbunden. Das Vorkommen von *Diatryma* auf der kanadischen Insel Ellesmere Island deutet auf eine Route über die Arktis hin.

Als einziger Nachweis für Gastornithidae außerhalb von Europa und Nordamerika gilt ein Tibiotarsus-Fragment aus dem frühen Eozän von Honan in China. Dieser Fund wurde 1980 von dem chinesischen Wissenschaftler Lian-hai Hou als *Zhongyuanus xichuanensis* beschrieben. Jenes Fossil wird als Beleg für eine weite Verbreitung der eurasischen Funde im frühen Eozän gedeutet.

Merkmale der Gliedmaßenknochen und des Kiefergelenks zeigen – laut Online-Lexikon „Wikipedia" –, dass *Gastornis* und seine in der Ordnung Gastornithiformes zusammengefassten Verwandten mit den Gänsevögeln (Anseriformes) und den Hühnervögeln (Galliformes) verwandt sind. In der zoologischen Systematik gehört *Gastornis* zur Klasse der Vögel (Aves), zur Unterklasse Neukiefervögel (Neognathae), zur Großgruppe Galloanserae (lateinisch Gallus = „Hahn" und Anser = „Gans"), zur Ordnung Gastornithiformes, zur Familie Gastornithidae und zur Gattung *Gastornis*. Nach Ansicht von Larry Martin waren die Gastornithiformes, die er als räuberische Vögel betrachtete, sehr wahrscheinlich ein frühes Experiment in der Entwicklung der großen terrestrischen Vögel ohne eine besondere Beziehung mit modernen Vogelgruppen. Allison Andors dagegen glaubte, die Gastornithiformes seien blätterfressend und ähnelten den Anseriformes. Die Gastornithiformes wurden ehedem oft als früher Versuch von Vögeln diskutiert, die durch das Aussterben der Dinosaurier frei werdende ökologische Nische vor dem Erscheinen der großen Säugetiere zu besetzen. Doch Eric Buffetaut und andere Experten wiesen 1995 darauf hin, große Vögel hätten in Europa bereits mehrere Millionen Jahre vor dem Aussterben der Dinosaurier gegen Ende der Kreidezeit existiert. Neu entdecktes Material, einschließlich eines fragmentarisch erhaltenen Beckens aus Südfrankreich, ließen

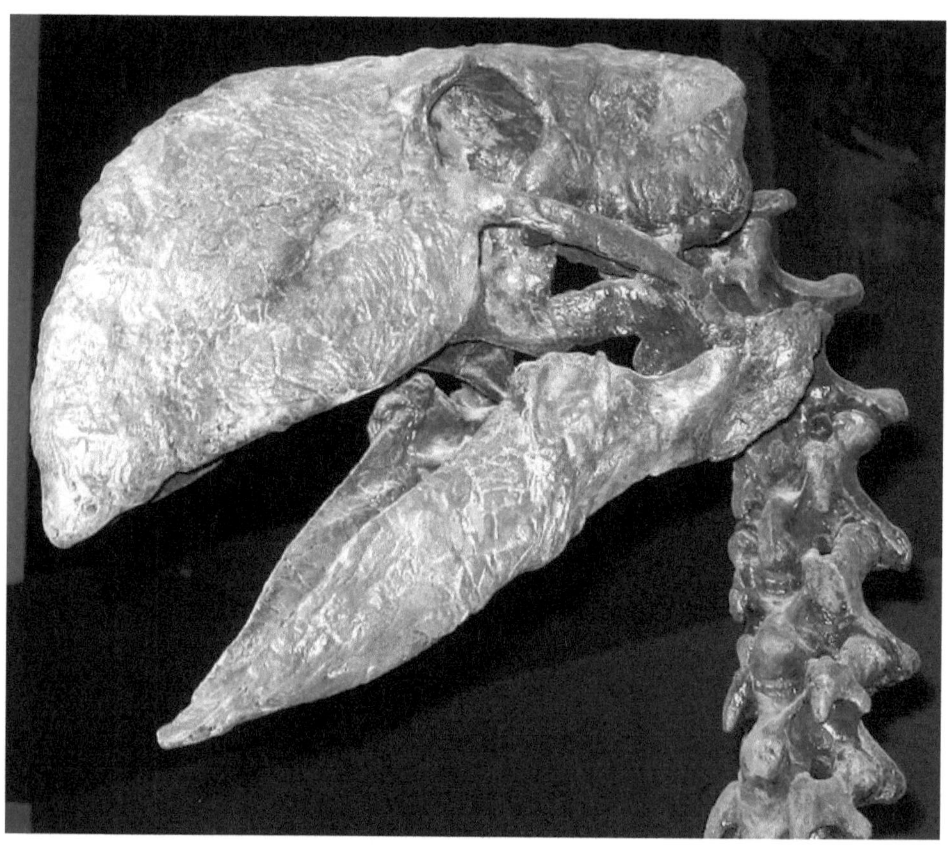

*Schädel mit großem Schnabel
des Laufvogels Gastornis*

vermuten, dass diese Vögel wahrscheinlich auf dem Festland lebten. Eine mögliche Herkunft der Gastornithidae unter den neu entdeckten Formen aus der späten Kreidezeit könne nicht ausgeschlossen werden. In der Literatur heißt es, die Funde von *Gastornis* in Europa seien bis zu 1,75 Meter und diejenigen in Nordamerika bis zu mehr als zwei Meter hoch gewesen. Dieser Größenunterschied sei durch unterschiedliche Umweltbedingungen bewirkt worden. Der zahnlose Schädel von *Gastornis* erreichte eine Länge bis zu 50 Zentimeter und war damit fast so groß wie derjenige eines Pferdes. Davon entfielen rund 20 Zentimeter auf den hohen Schnabel. Im Vergleich mit heute lebenden Laufvögeln ähnlicher Körpergröße wirkt der Schädel von *Gastornis* sehr massiv. Kiefergelenke und Schnabel sollen eine große Beißkraft ermöglicht haben. Die Biomechanik der Kiefer spricht angeblich für einen Fleischfresser. Der Schnabel ähnelt demjenigen von Papageien sowie anderen Samen- und Nussfressern. Für die Aufnahme von Samen erscheint der imposante Schnabel aber viel zu groß. Der große und kraftvolle Schnabel ohne Haken soll es ermöglicht haben, Knochen zu knacken, um an das leckere Knochenmark zu gelangen.

Der plump gebaute *Gastornis* besaß auf dem Brustbein (Sternum) keinen Knochenkamm (Carina), der bei flugfähigen Vögel zum Ansatz der Flugmuskeln dient. Er hatte auch keinen Endknochen der Wirbelsäule (Pygostyl), an dem bei Flugvögeln die Steuerfedern des Schwanzes befestigt sind. Andererseits deuten der Bau seiner verkümmerten Flügel und die Gehirngröße darauf hin, dass die Laufvögel der Ordnung Gastornithiformes von flugfähigen Vögeln abstammten. Groß und kräftig sind die Beine und Füße. Krallen, die einem räuberischen Vogel gute Dienste leisten könnten, fehlen. Das Gefieder von *Gastornis* ist unbekannt. Meistens wird es als Haarbelag wie bei heutigen Laufvögeln dargestellt. Bei Roan Creek im US-Bundesstaat Colorado glaubte man, einige faserige Stränge seien Teil der Befiederung von *Gastornis* und nannte sie *Diatryma filifera*. Doch eine genauere Untersuchung ergab, dass es sich nicht

*Rekonstruktion des Schädels mit großem Schnabel
des Laufvogels Gastornis*

um Federn, sondern um Pflanzenfasern oder etwas ähnliches handelte. Bei der Frage, wie sich *Gastornis* ernährte, scheiden sich die Geister. Einesteils wird er als Fleischfresser gedeutet, andererseits als Vegetarier. Manche Experten glauben auch, er habe sowohl pflanzliche als auch tierische Nahrung zu sich genommen.

Früher hat man *Gastornis* als räuberischen Vogel dargestellt. Manche Autoren glaubten sogar, er habe fuchsgroße Ur-Pferdchen gejagt und verzehrt. Es hieß, er sei ein so genannter Buschbrecher gewesen, der aufgrund seines starken Körpersbaues urplötzlich aus dem Urwald hervorbrechen und mit seinem sicherlich recht kräftigen Schnabel seine Beute ergreifen konnte. Doch seine großen und kräftigen Beine eigneten sich kaum dazu, agile und schnelle Beutetiere zu fangen. Aus diesem Grund hegte man den Verdacht, *Gastornis* habe im Hinterhalt auf vorbei kommende Beutetiere gewartet.

Nach anderer Ansicht erlegte *Gastornis* wahrscheinlich auch kleine Säugetiere, aber schon die Ur-Pferdchen sollen kaum auf seinem Speisezettel gestanden haben. Seine Lebensweise soll der des heutigen australischen Kasuars, der in tropischen Regenwäldern heimisch ist, geglichen haben. Kasuare ernähren sich neben Früchten und Sämereien auch von Fischen, Fröschen und Eidechsen. Andere flugunfähige Riesenvögel der Gegenwart fressen Pflanzen sowie kleine Wirbeltiere und Wirbellose. Für *Gastornis* erwog man auch, er habe Aas verzehrt.

Jüngsten Untersuchungen zufolge war *Gastornis* eher ein Pflanzenfresser. Dies fanden Thomas Tütken von der Universität Bonn, Meinolf Hellmund von der Martin-Luther-Universität Halle/Saale, Stephen Galer vom Max-Planck-Institut für Chemie in Mainz und Petra Held von der Universität Mainz heraus. Sie stellten anhand des Anteils von Kalzium-Isotopen in versteinerten Knochen eines *Gastornis* aus der Geiseltal-Sammlung der Martin-Luther-Universität Halle/Saale fest, dass zu dessen Nahrung kein Fleisch gehörte. Die Knochen des *Gastornis* enthielten Kalzium in einem ähnlichen Isotopenverhältnis wie die von pflanzenfressenden Säugetieren. Der

*Ur-Pferdchen waren Zeitgenossen
des Laufvogels Gastornis*

Australischer Kasuar,
Gravierung von E. Evans aus dem 19. Jahrhundert

*Lebensgroße Modelle
des Laufvogels Gastornis*

Gehalt an schweren Isotopen war höher als für fleischfressende Wirbeltiere zu erwarten wäre. „Spiegel Online" titelte hierüber: „Trotz Riesenschnabel: Europäische Terrorvögel waren wohl Vegetarier". Genau genommen gehörte *Gastornis* aber nicht zu den Terrorvögeln (Phorusrhacidae), die erst später im Miozän in Südamerika vorkamen. Vermutlich von *Gastornis* stammen Schalensplitter von riesigen Eiern in Ablagerungen aus dem späten Paläozän in Spanien und dem frühen Eozän in Frankreich (Provence). Da aus der fraglichen Zeit in diesen Ländern keine anderen riesigen Vögel bekannt sind, kommt nur *Gastornis* in Betracht. Einige der 2,3 bis 2,5 Millimeter dicken Eischalen-Fragmente erlaubten es, eine Größe der Eier von etwa 24 mal 10 Zentimeter zu errechnen. Diese mutmaßlichen Eier von *Gastornis* werden als *Ornitholithus* bezeichnet.
Obwohl aus der Kreidezeit und dem Paläogen viele Fußspuren von Dinosauriern und Vögeln vorliegen, kannte man bis zum 21. Jahrhundert keine eindeutigen Fußabdrücke von *Gastornis*. 2009 legte ein Erdrutsch bei Bellingham im US-Bundesstaat Washington 18 Fußabdrücke von Vögeln aus dem Eozän frei, die sich in der Chuckanut-Formation befanden, etwa 53,7 Millionen Jahre alt sind und *Gastornis* zugerechnet werden. Mindestens zehn dieser Fußspuren sind an der „Western Washington University" in Bellingham im US-Bundesstaat Washington zu bewundern.
Womöglich von *Gastornis* hinterlassen wurden zwei mysteriöse Fußabdrücke im Gips aus dem Eozän am Montmoreny und an anderen Standorten im Pariser Becken. Diese Fußabdrücke hat man ab 1859 im 19. Jahrhundert gefunden. Jene Spurenfossilien sind von dem Historiker, Prähistoriker und Geologen Jules Desnoyers (1800–1887), dem Naturforscher Alphonse Milne-Edwards und anderen französischen Gelehrten beschrieben worden. Auch der britische Geologe Charles Lyell (1797–1875) befasste sich in seinem Werk „Elements of Geology" damit und erwähnte sie als ein Beispiel für die Unvollständigkeit der Fossilienfunde. Bedauerlicherweise gingen diese im „Muséum nationale d'histoire naturelle" in Paris aufbewahrten

Bärenartiger Arctocyon,
Zeichnung von Dmitry Bogdanov bei „Wikipedia"

Spurenfossilien irgendwann nach 1912 verloren. Der größte dieser Fußabdrücke, der nur aus einer einzigen Zehe bestand, war sage und schreibe 40 Zentimeter lang. Noch vorhanden, aber sehr umstritten, ist ein 1992 entdeckter 32 Zentimeter langer und 27 Zentimeter breiter Fußabdruck aus dem Green River Valley bei Black Diamond im US-Bundesstaat Washington. Dieser Fund, dem eine hintere Zehe fehlte, wurde als Spurenfossil namens *Ornithoformipes controversus* beschrieben. An der „Western Washington University" in Bellingham ging man der Frage nach, ob es sich um eine Fälschung handelte.

Gastornis hatte im Paläozän und Eozän nur wenige natürliche Feinde. Gefährlich werden konnten ihm vermutlich bärenartige Arctocyoniden. Der in Walbeck (Deutschland) nachgewiesene *Arctocyon matthesi* aus dem Paläozän hatte etwa die Größe eines Schäferhundes, einen bärenartigen Schädel und ein Allesfressergebiss wie heutige Schweine. *Gastornis* und andere große Laufvögel aus jüngerer Zeit wurden ab Mitte des Eozän vor allem durch räuberische Säugetiere immer wieder reduziert oder verdrängt. *Gastornis* ist im mittleren Eozän vor etwa 40,4 Millionen Jahren ausgestorben.

Auf eine beachtliche Größe und ein imposantes Gewicht brachten es die im Miozän vor etwa 27 bis 17 Millionen Jahren lebenden flugunfähigen Brontornithidae in Südamerika. Nach Funden zu schließen, war die Art *Brontornis burmeisteri* bis zu 2,80 Meter hoch und schätzungsweise 350 bis 400 Kilogramm schwer. Die wissenschaftliche Erstbeschreibung dieser Art erfolgte 1891 durch den argentinischen Wissenschaftler Perito Moreno (1852–1919) und den französischen Geologen Alcides Mercerat. Der Artname *burmeisteri* erinnert an den deutschen Naturwissenschaftler Carlos Germán Burmeister (1807–1892), der ab 1862 Direktor des „Museo Argentino de Ciencas Naturales Bernardino Rivadavia" in Buenos Aires war. *Brontornis* ist nur aus dem südlichen Teil von Südamerika nachgewiesen. Die Fossilien dieser Gattung aus der Provinz Santa Cruz in Patagonien (Argentinien) stammen aus dem frühen und mittleren Miozän vor etwa 27 bis 17 Millionen Jahren. Wichtige Fundstellen sind der Lago

*Flugunfähiger Vogel. Brontornis burmeisteri,
Zeichnung von „Sablegsd" bei „Wikipedia"*

Argentino im Landesinneren oder Monte Léon und Monte Observación an der Ostküste von Argentinien.

Als Rekordhalter aus der Familie der Terrorvögel (Phorusrhacidae) gilt der mehr als drei Meter hohe *Kelenken guillermoi* aus Patagonien (Argentinien). Die Terrorvögel werden mit den heute noch in Südamerika vorkommenden Seriemas (Cariamidae) in das Taxon Carimae vereint. *Kelenken guillermoi* wurde 2007 durch Sara Bertelli, Luis M. Chiappe und Claudia Tambussi erstmals wissenschaftlich beschrieben. Der Gattungsname *Kelenken* beruht auf einem gleichnamigen furchterregenden Geist des Tehuelche-Stammes in Patagonien. Mit dem Artnamen *guillermoi* ehrte man den Entdecker Guillermo Aguirre-Zabala. Bei dem Fund, anhand dessen diese Spezies beschrieben wurde, handelte es sich um einen Schädel ohne Unterkiefer, einen 43,7 Zentimeter langen Mittelfußknochen (Tarsometatarsus) und einen Zehenknochen aus der argentinischen Provinz Rio Negro im nordwestlichen Patagonien. *Kelenken* existierte im mittleren Miozän vor etwa 15,5 bis 13,8 Millionen Jahren. Der 71,6 Zentimeter lange Schädel dieses Terrorvogels ist der längste bekannte Vogelschädel. 56 Prozent davon entfallen auf den Schnabel, der von oben gesehen dreieckig ist.

Eine Höhe von etwa 2,50 Metern und ein Gewicht von schätzungsweise 300 Kilogramm erreichte der flugunfähige *Phorusrhacos longissimus* aus dem Miozän vor etwa 15,9 bis 11,6 Millionen Jahren in Argentinien (Südamerika). Die Gattung *Phorusrhacos* wurde 1887 von dem argentinischen Naturforscher Florentino Ameghino (1854–1911) erstmals wissenschaftlich beschrieben. Sie gehört ebenfalls zur Familie der Terrorvögel (Phorusrhacidae). *Phorusrhacos* sieht zwar ähnlich aus wie der Riesenlaufvogel *Gastornis* aus Nordamerika und Europa, ist aber nicht mit ihm verwandt. Man vermutet, *Phorusrhacos* sei ein Fleisch- und Aasfresser gewesen. Er besaß einen kräftigen Hakenschnabel und trug an den Füßen sehr starke Krallen. Mit seinen 1,80 Meter langen Beinen soll er ein guter Läufer gewesen sein. Die zurückgebildeten Flügel eigneten sich nicht zum Fliegen.

*Flugunfähiger Terrorvogel Kelenken guillermoi aus Südamerika,
Zeichnung von „Funk Monk" (Michael Bech) bei „Wikipedia"*

Bild auf Seite 51:

*Flugunfähiger Terrorvogel Phorusrhacos aus Südamerika,
Zeichnung von „Ornitholestes" bei „Wikipedia"*

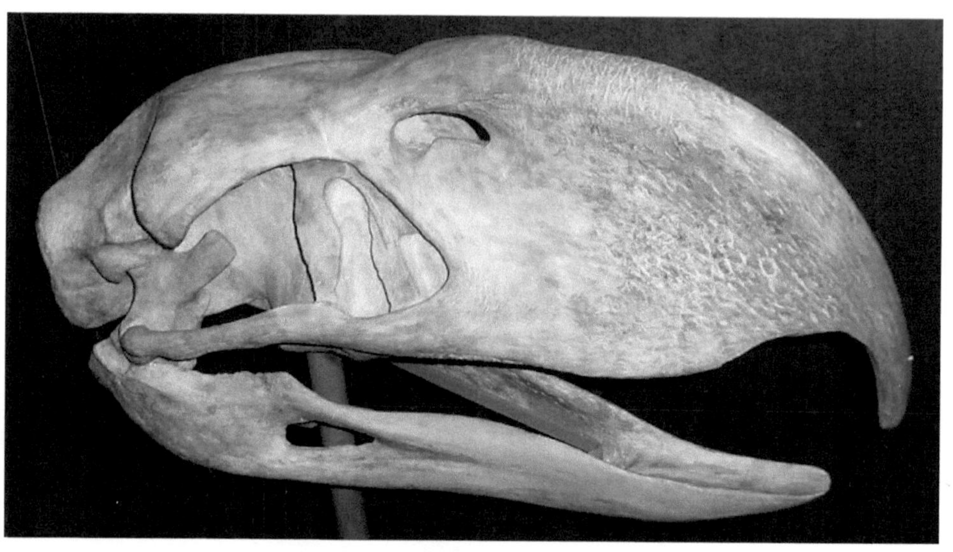

*Schädel des Terrorvogels Phorusrhacos aus Südamerika,
Original im „Natural History Museum", London*

Bild auf Seite 53:

*Lebensbild des Terrorvogels Titanis walleri aus Nordamerika,
Zeichnung von Dmitry Bogdanov bei „Wikipedia"*

*Lebensbild des Stirton-Donnervogels Dromornis stirtoni
aus Australien,
Zeichnung von Nobu Tamura bei „Wikipedia"*

Zur Familie der Terrorvögel rechnet man auch den 2,50 Meter hohen und schätzungsweise 150 Kilogramm schweren flugunfähigen *Titanis walleri* aus Nordamerika. Jene Art ist durch Funde aus Florida und Texas in den USA nachgewiesen und existerte vom Pliozän vor etwa 5,3 Millionen Jahren bis zum frühen Eiszeitalter (Altpleistozän) vor etwa 1,5 Millionen Jahren. Die Gattung *Titanis* wurde 1963 durch den amerikanischen Paläontologen Pierce Brodkorb (1908–1992) erstmals wissenschaftlich beschrieben. Sie ist einer der geologisch jüngsten Terrorvögel. Experten vermuten, *Titanis* sei ein aktiver Jäger gewesen. Bei der Jagd auf Beutetiere soll er eine Geschwindigkeit bis zu 65 Stundenkilometern erreicht haben. Männliche und weibliche Tiere waren vielleicht unterschiedlich groß (Geschlechtsdimorphismus). An den stark zurückgebildeten Flügeln befanden sich über dem Handgelenk freibewegliche Krallen. Die mittlere Zehe bzw. Fußkralle war merklich vergrößert. Anfangs waren die Terrorvögel offenbar auf Südamerika beschränkt. Durch die Bildung einer Landbrücke zwischen Südamerika und Nordamerika könnten sich die Terrorvögel auch nach Nordamerika ausbreiten. Die jüngen Funde von *Titanis* in Nordflorida haben ein Alter von 2,5 bis 1,5 Millionen Jahren.

Als der schwerste bekannte Vogel der Erdgeschichte gilt der Stirton-Donnervogel *Dromornis stirtoni,* der im späten Miozän vor ungefähr 8 bis 6 Millionen Jahren im subtropischen Waldland im Norden von Australien lebte. Diese Art wurde 1960 von der australischen Paläontologin Patricia Vickers-Rich erstmals wissenschaftlich beschrieben. Das Lebendgewicht jenes maximal 2,80 Meter hohen Tieres wird auf bis zu 570 Kilogramm geschätzt. Der vielleicht räuberisch lebende Stirton-Donnervogel (englisch: Stirton's Thunder-Bird) gehört zur Gruppe der Dromornithiformes (Donnervögel), die mit der Ordnung der Gänsevögel (Anseriformes) verwandt ist. Er ist also kein Laufvogel, wie sein Äußeres vermuten lassen könnte. Sein imposanter Schädel mit hochgewölbtem Schnabel erreichte eine Länge bis zu 52 Zentimeter. Fossile Reste von *Dromornis stirtoni* fand man vor allem in den Alcota Fossil Beds in Central Australia. Zwei bis 2,80 Meter

Holzfiguren des Donnervogels Bullockornis planei im Kings Park von Perth in Westaustralien

groß und schätzungsweise 300 Kilogramm schwer soll der durch unvollständige Funde in Australien nachgewiesene Donnervogel *Bullockornis planei* aus dem Miozän vor etwa 16 bis 11 Millionen Jahren gewesen sein. Die wissenschaftliche Erstbeschreibung von Bullockornis erfolgte 1969 wiederum durch Patricia Vickers-Rich. Zeichnerische und durch reproduzierte Knochenteile anderer Donnervögel ergänzte Skelettrekonstuktionen in Museen erweckten einen Eindruck vom Aussehen der Vögel, seien aber aufgrund der unvollständigen Fossilfunde zum Teil spekulativ, heißt es im Online-Lexikon „Wikipedia". Schädel und Schnabel erreichten eine Länge von ungefähr einem halben Meter. Im hochgewölbten Schnabel hätte man einen heutigen Fußball verstecken können. Der australische Paläontologe Stephen Wroe vermutet, *Bullockornis* sei vielleicht im Unterschied zu seinen pflanzenfressenden Verwandten ein Fleisch- oder Aasfresser gewesen.

Eine imposante Größe und ein hohes Gewicht besaßen auch die ab dem Eiszeitalter (etwa 2,6 Millionen bis 10.000 Jahre) nachweisbaren Elefantenvögel oder Madagaskar-Strauße (Aepyornithidae). Von diesen ausgestorbenen Laufvögeln sind zwei Gattungen namens *Aepyornis* und *Mullerornis* bekannt. Belegt sind sie durch fossile Reste von der Insel Madagaskar vor der Ostküste von Afrika. Das erste Fossil eines Elefantenvogels wurde von dem französischen Naturforscher und Weltreisenden Alfred Grandidier (1836–1921) während einer seiner Forschungsreisen zwischen 1865 und 1870 entdeckt. Der 1851 von dem französischen Zoologen und Ethologen Isidore Geoffrey Saint-Hilaire (1805–1861) erstmals wissenschaftlich beschriebene Madagaskar-Strauß *(Aepyornis maximus)* war bis zu drei Meter hoch und schätzungsweise über 400 Kilogramm schwer. Seine riesigen Eier waren mehr als 30 Zentimeter lang, hatten einen Inhalt von rund neun Liter und wogen frisch vermutlich etwa zehn Kilogramm. Von Einheimischen wurde *Aepyornis maximus* als Vorompatra bezeichnet. Dies bedeutet „Vogel der Ampatres". Die Ampatres sind die heutige Androy-Region, in der angeblich

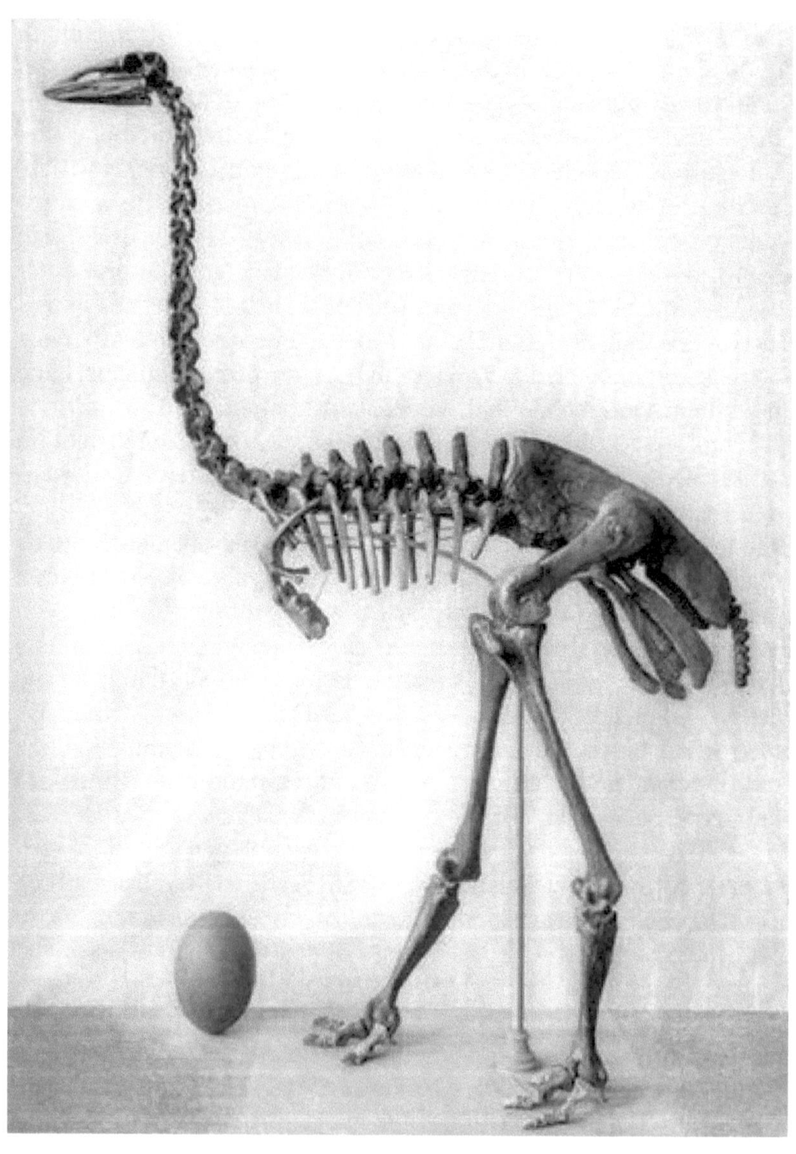

Foto auf Seite 58:

*Skelett von Aepyornis
in „Quaternary
of Madagascar" (1913)
von Etienne Stanislas
Meunier (1853–1925)*

Zeichnung auf Seite 59:

*Lebensbild von
Aepyornis maximus,
Zeichnung von „Acrocynus"
bei „Wikipedia"*

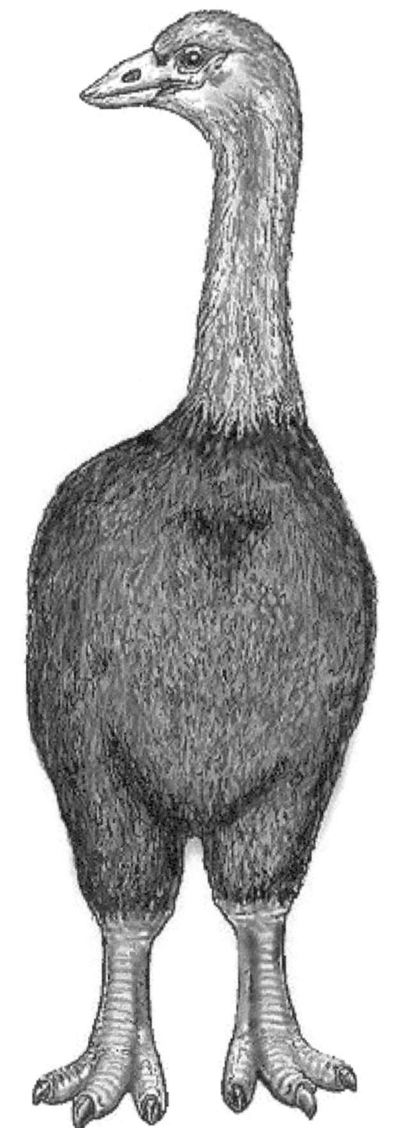

*Neuseeländischer Moa (Dinornis novaezealandiae),
links der britische Paläontologe Richard Owen (1804–1892,
der 1841 den Begriff Dinosaurier vorschlug*

Restbestände des Elefantenvogels gelebt haben sollen. Mehrere Arten von Mullerornis wurden 1894 von Alphonse Milne-Edwards und Alfred Grandidier erstmals wissenschaftlich beschrieben. *Aeypyornis* dürfte das Vorbild für die Legende vom „Vogel Rock" (auch Roch oder Ruch genannt) gewesen sein. Dieses sagenumwobene Tier konnte angeblich sogar Elefanten aufheben und mit ihnen davonfliegen. *Aepyornis* ist wahrscheinlich der Vogel Rock von „Sindbad dem Seefahrer" in den Erzählungen aus „Tausendundeiner Nacht". Der Begriff Elefantenvogel soll auf Beschreibungen des „Vogel Rock" durch den venezianischen Händler Marco Polo (um 1254–1324) zurückzuführen sein, in welchen ein adlerähnlicher Vogel von der Größe eines Elefanten erwähnt wurde. Der Zeitpunkt des Aussterbens der Madagaskar-Strauße ist ungewiss. Nach Funden zu schließen, scheint ein Fortleben bis um das Jahr 1000 möglich. Manchmal spekuliert man auch über ein Überleben bis in das 17. Jahrhundert.

Rekordhalter unter den Moas (Dinornithiformes) auf Neuseeland *waren Dinornis novaezealandiae* auf der Nordinsel und *Dinornis robustus* auf der Südinsel aus dem Eiszeitalter (etwa 2,6 Millionen bis 10.000 Jahre). Weibliche Tiere dieser Arten, die man früher irrtümlich als eigene Spezies namens *Dinornis giganteus* betrachtete, erreichten eine Höhe bis zu 3,60 Meter und ein Gewicht bis zu 180 oder sogar 270 Kilogramm. Männliche Tiere waren merklich kleiner und leichter. Die größten bekannten Eier der Moa waren 40 Zentimeter hoch und hatten ein Gewicht von 4,5 Kilogramm. Ihr Inhalt entsprach demjenigen von 80 durchschnittlichen Hühnereiern. Die pflanzenfressenden Moas *Dinornis novaezealandiae* und *Dinornis robustus* gelten als die größten Vogel, die jemals existiert haben. Sie gehörten zu insgesamt neun Moa-Arten, die sich auf Neuseeland bis in historische Zeit behaupten konnten. Die meisten Moa-Arten waren nur so groß wie ein Truthahn. Der älteste Fund eines Moa auf Neuseeland stammt aus der Zeit vor mehr als 2,5 Millionen Jahren. Das Schicksal dieser Laufvögel auf Neuseeland wurde offenbar im 14. Jahrhundert in den

Bild auf Seite 63:

Überholte Darstellung der Jagd von Maoris
auf riesige Moa in Neeseeland.
In Wirklichkeit verfügten nämlich die Maoris
nicht über Pfeil und Bogen als Waffen.
Zeichnung des Berliner Tiermalers
Heinrich Harder (1858–1935)
um 1920

„Kochtöpfen" der Maoris besiegelt. Weil die Moa auf Inseln ohne große Landraubtiere lebten, hatten sie vielleicht kein Flucht- oder Abwehrverhalten, als am Ende des 13. Jahrhunderts polynesische Einwanderer im zuvor offenbar menschenleeren Neuseeland erschienen und ihnen nachstellten. Gefährlich werden konnten den Moa auch Haast-Adler *(Harpogornis moorei)* mit einer Flügelspannweite bis zu drei Metern und einem Gewicht von etwa 10 bis 18 Kilogramm. Diese 1874 von dem aus Deutschland stammenden Geologen und Naturforscher Julius von Haast (1882–1887) erstmals wissenschaftlich beschriebenen Adler waren die größten Greifvögel der Neuzeit. Der Artname *moorei* erinnert an George Henry Moore, den Besitzer des Anwesens, auf dem die Knochen jenes Adlers entdeckt worden sind.

Großwüchsige Laufvögel brachte auch die Ordnung der Strauße (Struthioniformes) hervor. Unter den heutigen Vögeln gehören dazu neben dem Afrikanischen Strauß die Nandus, Kasuare und Emus. „Straußenähnliche" Vögel existierten außer in Afrika auch in Eurasien. Der heutige Afrikanische Strauß *(Struthio camelus)* mit einer Höhe bis zu 2,50 Metern und einem Gewicht von 130 Kilogramm gilt als der größte Vogel der Gegenwart.

Foto auf ‚Seite 64:

Afrikanischer Strauß (Struthio camelus)
im „Nairobi National Park" in Kenia

Autor Ernst Probst

Der Autor

Ernst Probst, geboren am 20. Januar 1946 in Neunburg vorm Wald im bayerischen Regierungsbezirk Oberpfalz, ist Journalist und Buchautor. Er arbeitete von 1968 bis 1971 als Redakteur bei den „Nürnberger Nachrichten", von 1971 bis 1973 in der Zentralredaktion des „Ring Nordbayerischer Tageszeitungen" in Bayreuth und von 1973 bis 2001 bei der „Allgemeinen Zeitung", Mainz. Von 2001 bis 2006 war er zunächst als Buchverleger und später auch weltweit als Fossilien- und Antiquitätenhändler aktiv.

In seiner Freizeit schrieb Ernst Probst vor allem populärwissenschaftliche Artikel für die „Frankfurter Allgemeine Zeitung", „Süddeutsche Zeitung", „Die Welt", „Frankfurter Rundschau", „Neue Zürcher Zeitung", „Tages-Anzeiger", Zürich, „Salzburger Nachrichten", „Oberösterreichische Nachrichten", Linz, „Die Zeit", „Rheinischer Merkur", „Deutsches Allgemeines Sonntagsblatt", „bild der wissenschaft", „kosmos", „Deutsche Presse-Agentur" (dpa), „Associated Press" (AP) und den „Deutschen Forschungsdienst" (df).

Aus der Feder von Ernst Probst stammen zahlreiche Beiträge der Buchreihe „Geschichten, die die Forschung schreibt" sowie die Bücher „Deutschland in der Urzeit" (1986), „Deutschland in der Steinzeit" (1991), „Rekorde der Urzeit" (1992), „Dinosaurier in Deutschland" (1993 zusammen mit Raymund Windolf) und „Deutschland in der Bronzezeit" (1996). Von 1986 bis heute veröffentlichte Probst rund 300 Bücher, Taschenbücher, Broschüren und E-Books.

Skelett des Laufvogels Gastornis

Literatur

ANDORS, Allison V.: Giant groundbirds of North America (Aves, Diatrymidae). Unpublished Ph.D. Dissertation, Columbia University. New York, New York City 1988

ANDORS, Allison V. 1992: Reapparaisal of the Eocene groundbird Diatryma (Aves: Anserimorphae). In: Campbell, Kenneth E. (editor) Papers in Avian Paleontology honoring Pierce Brodkorb, S. 109–125, Los Angeles: Natural History Museum of Los Angeles County (Science series, 36), Los Angeles 1992

BERG, Dietrich E: Nachweis des Riesenlaufvogels Diatryma im Eozän von Messel bei Darmstadt/Hessen. Notizblatt des hessischen Landesamtes für Bodenforschung, 93, S. 68–72, Wiesbaden 1965

BERTELLI, Sara / CHIAPPE, Luis M. / TAMBUSSI, Claudia: A new Phorusrhacis (Aves: Carinae) from the Middle Miocene of Patagonia, Argentinia. Journal of Vertrebrate Paleontology, Vol. 27, Issue 2, S. 409–419, Juni 2007

BONAPARTE, Charles: Conspectus ineptorum et struthiorum. Comptes rendus de l'Académie des Sciences 43, S. 840–841, Paris 1856

BRODKORB, Pierce: A giant flightless bird from the Pleistocene of Florida. Auk 80 (2), S. 111-115, Berkeley 1963

BUFFETAUT, Eric: Footprints of Gigant Birds from the Upper Eocene of the Paris Bassin: An Ichnological Enigma. Ichnos: An International Journal for Plant and Animal Traces 11 (3–4), S. 357–362, Philadelphia 2004

BUFFETAUT, Eric: The unfinished story of the Early Tertiary giant Bird Gastornis. Dansk Geologisk Forening (DGF) Online Serie, Kopenhagen http://2dgf.dk/publikationer/dgf_on_line/vol_1/gastdk.htm

BUFFETAUT, Eric / LE LOEUFF, Jean / MECHIN, Patrick / MECHIN-SALESSY, Annie: A large French Cretaceous bird. Nature 377, 110, London 1995

COPE, Edward Drinker: On a gigantic bird from the Eocene of New Mexico. Proceedings of the Academy of Natural Sciences of Philadelphia 28 (2), S. 10–11, Philadelphia 1876

COX, Barry / DIXON, Dougal / GARDINER, Brian / SAVAGE, R. J. G.: Dinosaurier und andere Tiere der Vorzeit. Die große Enzyklopädie der prähistorischen Tierwelt, München 1989

CUVIER, Georges: Sur lews Ornitholites de Montmartre. Bulletin des Sciences pöar la société Philomatique de Paris 41, S. 129, Paris 1800

DOLLO, Louis: Note sur la présence du Gastornis Edwardsii, Lemoine, dans l'assise inférieure de l'étage Landénien à Mesvin, près Mons. Bulletin du Museum d'histoire naturelle de Belgique 2, S. 297–305, Brüssel 1883

FABRE-TAXY, Suzsanne / TOURAINE, Fernand: Gisements d'oefss d'Oiseaux de très grand taile dans l'Eocène de Provence. Comptes – rendus hebdomadaires des seances de l'Academie des Sciences Paris 250 (23), 3870–3871, Paris 1960

FISCHER, Karlheinz: Der Riesenlaufvogel Diatryma aus der eozänen Braunkohle des Geiseltales. Hallesches Jahrbuch der mitteldeutschen Erdgeschichte 4, S. 26–33, Halle/Saale 1962

FISCHER, Karlheinz: Neue Reste des Riesenlaufvogels Diatryma aus dem Eozän des Geiseltales bei Halle (DDR). Annalen für Ornithologie 2, S. 133–144, Berlin 1978

GAILLARD, Claude: Un oiseau géant dans les dépôts éocènes du Mont-d'Or lyonnais. Annales de la Société Linnéenne de Lyon 80, S. 111–126, Lyon 1939

HÉBERT, Edmund: Note sur le tibia du Gastornis parisiensis. Comptes – rendus hebdomadaires des seances de l'Academie des

Sciences Paris 40, S. 579–582, Paris 1855
HÉBERT, Edmund: Note sur le fémur du Gastornis parisiensis.
Comptes – rendus hebdomadaires des seances de l'Academie des
Sciences Paris 40, S. 1214–1217, Paris 1855
HOU, Lian-hai: New form of the Gastornithidae from the Lower
Eocene of the Xichuan, Honan. Vertebrata Palasiatica 18,
S. 111–115 (in Chinese), Beijing 1980
LEMOINE, Victor: Recherches sur les oiseaux fossiles des terrains
tertiaires inférieurs des environs de Reims. Deuxième partie. Reims
2. Matot-Braine. S.75–170, Paris 1881
LEMOINE, Victor: Sur le Gastornis Edwardsii et le Remiornis
Heerti de l'éocéne inférier des environs de Reims. Comptes –
rendus hebdomadaires des seances de l'Academie des Sciences
Paris 93: 1157–1159, Paris 1881
LYELL, Charles: Elements of Geology, London 1865
MARSH, Othniel Charles: Odontornithes: a monograph of the
extinct toothed birds of North America. Washington: Government
Printing Office, 1880
MARTIN, Larry D.: The status of the Late Paleocene birds
Gastornis and Remiornis. In Campbell, Kenneth E. (editor) Papers
in Avian Paleontology Honoring Pierce Brodkorb, S. 97–108. Los
Angeles: Natural History Museum of Los Angeles County
(Sciences series, 36), Los Angeles 1992
MATTHEW, William Diller / GRANGER, Walter: The skeleton of
Diatryma, a gigantic bird from the Lower Eocene of Wyoming.
Bulletin of American Museum of Natural History 37, S. 307–326,
New York City 1917
MAYR, Gerald: Paleogene Fossil Birds, Heidelberg 2009
MEUNIER, Stanislaus: Le Gastornis. La Nature 10, S. 353–354,
Paris 1882
MEUNIER, Stanislaus: A Gigantic Fossil Bird. Popular Science

Monthly, Volume 21, New York City, August 1882
MILNE-EDWARDS, Alphonse: Etude sur les rapports zoologiques
du Gastornis parisiensis. Annales des Sciences Nationales Zool.
Paléont. 7, 217–227, Paris 1867
MLÍKOVSKÝ, Jirí: Cenozoic Birds of the World. Part 1: Europe,
Prag 2002
MUSTOE, George E. / TUCKER, David S. / KEMPLIN, Keith I.:
Giant Eocene Bird Footprints From Northwest Washington, USA.
Palaeontology 55 (6), 1293–1305, London 2012
NEWTON, Edward T.: Gastornis klaasseni Newton, a gigantic bird
from the Lower Eocene of Croydon. Geological Magazine 3,
S. 362–363, Cambridge 1885
OWEN, Richard: On the affinities of a large extinct bird (Gastornis
parisiensis, Hébert) indicated by a fossil femur and tibia discovered
in the lowest Eocene formation near Paris. Quarterly Journal of the
Geological Society London 12, 204–217, London 1856
PRÉVOST, Constant: Annonce dela découverte d'un oiseau fossile
de taille gigantesque, trouvé à la partie inférieure de l'argile
plastique du terrain parisien. Comptes – rendus hebdomadaires des
seances de l'Academie des Sciences Paris 40, S. 554–557, Paris
1855
PROBST, Ernst: Deutschland in der Urzeit. Von der Entstehung
des Lebens bis zum Ende der Eiszeit, München 1986
PROBST, Ernst: Rekorde der Urzeit, München 2012
PROBST, Ernst: Archaeopteryx. Die Urvögel in Bayern, München
2012
RUSSELL, Donald E.: Paleoecology of the Paleocene-Eocene
transition in Europe. In SZALAY, Frederick, S. (editor):
Approaches to Primate Paleobiology, S. 28–61 (Contributions to
Primatology, 5), Basel 1975
SCHAUB, Samuel: Über eocäne Ratitenreste in der osteologischen

Sammlung des Basler Museums. Verhandlungen der
Naturforschenden Gesellschaft Basel, 40, S. 588–598, Basel 1929
VALENCIENNES, Achille: Remarques à l'occasion d'une
communication de M. Lartet sur le tibia d'oiseau fossile trouvé à
MEUDON. Comptes – rendus hebdomadaires des seances de
l'Academie des Sciences Paris, 40, 583–584, Paris 1855
WEIGELT, Johannes: Die Aufdeckung der bisher ältesten tertiären
Säugetierfauna Deutschlands. Nova Acta Leopoldina 7,
S. 515–528, Breslau 1939
WEST, Mary Ruth / DAWSON, Robert: Vertebrate paleontology
and the Cenozoic history of the North Atlantic region.
Polarforschung 48, 103–119, Bremerhaven 1978
WETMORE, Alexander: The Supposed Plumage of the eocene
Diatryma. Auk 47 (4), S. 579–580, Berkeley 1930
WETMORE, Alexander: Fossil Bird Remains from the Eocene of
Wyoming. Condor 35 (3), S. 115–118, Berkeley 1933
WIKIPEDIA (Online-Lexikon) http://wikipedia.org

Bildquellen

Monika Betley (Dixi): 1, 34 (via Wikimedia Commons), Lizenz: gemeinfrei (Public domain)
Reproduktion einer Zeichnung eines unbekannten Künstlers aus einer Publikation von William Diller Matthew (1871–1930), Walter Granger (1872–1941) und William Stein von 1917: 4 (via Wikimedia Commons), Lizenz: gemeinfrei (Public domain)
Reproduktion einer Zeichnung von Chevallier aus dem 19. Jahrhundert: 6 (via Wikimedia Commons), Lizenz: gemeinfrei (Public domain)
Reproduktion eines Porträts von Karl Reutlinger (1816–nach 1890) um 1888: 8 (via Wikimedia Commons), Lizenz: gemeinfrei (Public domain)
Reproduktion eines Holzschnitts aus dem Journal „O Panorama" von 1837: 10 (via Wikimedia Commons), Lizenz: gemeinfrei (Public domain)
Reproduktion eines Porträts aus dem 19. Jahrhundert: 12
H. Raab (Vesta) / CC-BY-SA3.0: 13 (via Wikimedia Commons), lizensiert unter CreativeCommons-Lizenz by-sa-3.0-en, http://creativecommons.org/licenses/by-sa/3.0/legalcode
Reproduktion eines Porträts eines unbekannten Künstlers aus dem 19. Jahrhundert: 14 (via Wikimedia Commons), Lizenz: gemeinfrei (Public domain)
Reproduktion einer Zeichnung von Othniel Charles Marsh (1858–1935) um 1880: 16 (via Wikimedia Commons), Lizenz: gemeinfrei (Public domain)
Reproduktion eines Gemäldes des Berliner Tiermalers Heinrich Harder (1858–1935) um 1916: 17 (via Wikimedia Commons), Lizenz: gemeinfrei (Public domain)
Library of Congress, Prints and Photographs Division, Washington, Brady-Handy Photograph Divsion, Fotograf:

Mathew Brady (1822–1896) oder Levin Corbin Handy (1855–1932), Digital ID cwphb.04124, http://hdl.loc.gov/loc.pnp/cwpbh.04124: 18 (via Wikimedia Commons), Lizenz: gemeinfrei (Public domain)

Reproduktion eines Porträtfotos eines unbekannten Fotografen vor 1897: 19 (via Wikimedia Commons), Lizenz: gemeinfrei (Public domain)

Reproduktion einer Abbildung aus der Zeitschrift „La Nature" von 1924: 20 (via Wikimedia Commons), Lizenz: gemeinfrei (Public domain)

Reproduktion einer Rekonstruktion von Victor Lemoine (1837–1897) von 1881: 21

Reproduktion eines Porträtfotos eines unbekannten Fotografen vor 1930: 22 (via Wikimedia Commons), Lizenz: gemeinfrei (Public domain)

Vince Smith http://www.flickr.com/people/74733773@N00 from London, United Kingdom / CC-BY-SA2.0: 25 (via Wikimedia Commons), lizensiert unter CreativeCommons-Lizenz by-sa-2.0-en, http://creativecommons.org/licenses/by-sa/2.0/legalcode

Ausschnitt aus einem Ölgemälde von Fritz Wendler (1941–1995) für das Buch „Deutschland in der Urzeit" (1986) von Ernst Probst: 27

Hessisches Landesmuseum in Darmstadt, Foto: Marisa Blume, HLMD, Hohlform des Femurs HLMD-Me 6116: 30

Hessisches Landesmuseum in Darmstadt, Foto: Wolfgang Fuhrmannek, HDML: 32

Haplochromis / CC-BY-SA3.0: 33 (via Wikimedia Commons), lizensiert unter CreativeCommons-Lizenz by-sa-3.0-en, http://creativecommons.org/licenses/by-sa/3.0/legalcode

Shepherdfan: 36 (via Wikimedia Commons), Lizenz: gemeinfrei (Public domain)

Mitternacht90 at.en.wikipedia (http://en.wikipedia.org): 38 (via Wikimedia Commons), Lizenz: gemeinfrei (Public domain)

Scott Heath / http://www.flickr.com/photos/wscottheath/
352974913 / CC-BY2.0: 40 (via Wikimedia Commons),
lizensiert unter CreativeCommons-Lizenz by-2.0-de,
http://creativecommons.org/licenses/by/2.0/legalcode
Reproduktion eines Gemäldes des Berliner Tiermalers Heinrich
Harder (1858–1935): 42 (via Wikimedia Commons), Lizenz:
gemeinfrei (Public domain)
Reproduktion einer Gravierung von E. Evans von 1893: 43
HuHu Uet / CC-BY-SA3.0: 44 (via Wikimedia Commons),
lizensiert unter CreativeCommons-Lizenz by-sa-3.0-de,
http://creativecommons.org/licenses/by-sa/3.0/legalcode
Dmitry Bogdanov / http://dibgd.devianart.com / CC-BY-SA3.0:
46 (via Wikimedia Commons), lizensiert unter
CreativeCommons-Lizenz by-sa-3.0-en, http://
creativecommons.org/licenses/by-sa/3.0/legalcode
Sablesgsd / CC-BY-SA3.0: 48 (via Wikimedia Commons),
lizensiert unter CreativeCommons-Lizenz by-sa-3.0-en,
http://creativecommons.org/licenses/by-sa/3.0/legalcode
Funk Monk (Michael Bech) / CC-BY-SA3.0: 50 (via Wikimedia
Commons), lizensiert unter CreativeCommons-Lizenz
by-sa-3.0-en, http://creativecommons.org/licenses/by-sa/3.0/
legalcode
Ornitholestes: 51 (via Wikimedia Commons), Lizenz: gemeinfrei
(Public domain)
Ghedoghedo / CC-BY-SA3.0: 52 (via Wikimedia Commons),
lizensiert unter CreativeCommons-Lizenz by-sa-3.0-de,
http://creativecommons.org/licenses/by-sa/3.0/legalcode
Dmitry Bogdanov / http://dibgd.devianart.com / CC-BY-SA3.0:
53 (via Wikimedia Commons), lizensiert unter
CreativeCommons-Lizenz by-sa-3.0-de,
http://creativecommons.org/licenses/by-sa/3.0/legalcode
Nobu Tamura / http://spinops.blogspot.com / CC-BY-SA3.0: 54
(via Wikimedia Commons), lizensiert unter CreativeCommons-

Lizenz by-sa-3.0-en, http://creativecommons.org/licenses/by-sa/
3.0/legalcode
Seanmack / CC-BY-SA3.0: 56 (via Wikimedia Commons),
lizensiert unter CreativeCommons-Lizenz by-sa-3.0-en,
http://creativecommons.org/licenses/by-sa/3.0/legalcode
Reproduktion eines Fotos aus „Quarternary of Madagascar"
(1913) von Etienne Stanislas Meunier (1843–1925): 58
Acrocynus / CC-BY-SA3.0: 59 (via Wikimedia Commons),
lizensiert unter CreativeCommons-Lizenz by-sa-3.0-en,
http://creativecommons.org/licenses/by-sa/3.0/legalcode
Reproduktion eines Fotos vor 1877: 60
Christiaan Kooyman: 64 (via Wikimedia Commons), Lizenz:
gemeinfrei (Public domain)
Reproduktion eines Gemäldes des Berliner Tiermalers Heinrich
Harder (1858–1935) um 1920: 63 (via Wikimedia Commons),
Lizenz: gemeinfrei (Public domain)
Klaus Benz, Fotograf, Mainz-Laubenheim: 66
Janine Eden und Jim Eden / http:www.flickr.com/people/
10485077@N06 from New York City / CC-BY2.0: 68 (via
Wikimedia Commons), lizensiert unter CreativeCommons-Lizenz
by-2.0-en, http://creativecommons.org/licenses/by/2.0/legalcode

Register

Bücher von Ernst Probst

Monstern auf der Spur. Wie die Sagen über Drachen, Riesen
und Einhörner entstanden
Das Einhorn. Ein Tier, das nie gelebt hat
Drachen. Wie die Sagen über Lindwürmer entstanden
Riesen. Von Aigaion bis Ymir
Nessie. Das Monsterbuch
Affenmenschen. Von Bigfoot bis zum Yeti
Alma. Ein Affenmensch in Eurasien
Bigfoot. Der Affenmensch aus Nordamerika
Chuchunaa. Der sibirische Affenmensch
Der De-Loys-Affe. Ein Menschenaffe in der „Neuen Welt"?
Nguoi Rung. Der vietnamesische Affenmensch
Orang Pendek. Der kleine Affenmensch auf Sumatra
Skunk Ape. Der Affenmensch in Florida
Yeren. Der chinesische Affenmensch
Yeti. Der Schneemensch im Himalaja
Yowie. Der australische Affenmensch
Seeungeheuer – 100 Monster von A bis Z
Archaeopteryx. Die Urvögel aus Bayern
Was wissen wir über die Steinzeit? Wie unsere Vorfahren lebten
Das Moustérien. Die große Zeit der Neanderthaler
Das Rätsel der Großsteingräber. Die nordwestdeutsche
Trichterbecher-Kultur
Was ist ein Menhir? Interview mit dem Mainzer Archäologen
Dr. Detert Zylmann über Hinkelsteine
Deutschland in der Frühbronzezeit
Deutschland in der Mittelbronzezeit
Deutschland in der Spätbronzezeit
Die nordische Bronzezeit in Deutschland

Krallentiere am Ur-Rhein. Die Entdeckungsgeschichte
von Chalicotherium goldfussi
Menschenaffen am Ur-Rhein. Paidopithex, Rhenopithecus
und Dryopithecus
Säbelzahnkatzen. Von Machairodus bis zu Smilodon
Säbelzahntiger am Ur-Rhein
Die Säbelzahnkatze Machairodus
Die Säbelzahnkatze Homotherium
Die Dolchzahnkatze Megantereon
Die Dolchzahnkatze Smilodon
Rekorde der Urmenschen. Erfindungen, Kunst und Religion
Rekorde der Urzeit. Landschaften, Pflanzen und Tiere
Wer war der Stammvater der Insekten? Interview mit dem
Stuttgarter Biologen und Paläontologen Dr. Günter Bechly

Bestellungen bei: http://www.grin.com